荷馆

爱上内蒙古恐龙丛书

我心爱的中国鸟形龙

WO XIN'AI DE ZHONGGUO NIAOXINGLONG

内蒙古自然博物馆 / 编著

内蒙古人民出版社

图书在版编目（CIP）数据

我心爱的中国鸟形龙／内蒙古自然博物馆编著. —
呼和浩特：内蒙古人民出版社，2024.1
（爱上内蒙古恐龙丛书）
ISBN 978-7-204-17757-8

Ⅰ. ①我… Ⅱ. ①内… Ⅲ. ①恐龙–青少年读物
Ⅳ. ①Q915.864-49

中国国家版本馆 CIP 数据核字（2023）第 201657 号

我心爱的中国鸟形龙

作　　者	内蒙古自然博物馆
策划编辑	贾睿茹　王　静
责任编辑	王　曼
责任监印	王丽燕
封面设计	李　娜
出版发行	内蒙古人民出版社
地　　址	呼和浩特市新城区中山东路 8 号波士名人国际 B 座 5 层
网　　址	http://www.impph.cn
印　　刷	内蒙古爱信达教育印务有限责任公司
开　　本	889mm×1194mm　1/16
印　　张	5.5
字　　数	160 千
版　　次	2024 年 1 月第 1 版
印　　次	2024 年 1 月第 1 次印刷
书　　号	ISBN 978-7-204-17757-8
定　　价	48.00 元

如发现印装质量问题，请与我社联系。联系电话:(0471)3946120

"爱上内蒙古恐龙丛书"

编 委 会

主　　编：李陟宇　张正福

执行主编：刘治平　王志利　曾之嵘

副 主 编：王姝琼　吕继敏

本册编委：周　彬　李虹萱　侯佳木　徐鹏懿

　　　　　贠锦晨

内蒙古恐龙新闻站

NEIMENGGU　KONGLONG　XINWENZHAN

🔥 恐龙快讯

高智商恐龙来也！
认识一下**杨氏中国鸟形龙**
看图文科普，快速解锁恐龙新知识

恐龙世界 👥

观看在线视频，享受视觉盛宴
走近恐龙
揭开不为人知的秘密‼️

恐龙访谈

倾听恐龙的心声

听说恐龙们都很有故事。

没办法，活得久见得多。

请展开讲讲……

恐龙拼图

恐龙的种类上千种

玩拼图游戏，拼出完整的恐龙模样

你最喜爱哪一种？

内蒙古人民出版社 特约报道

内蒙古自治区鄂尔多斯市
温度：30℃

前　言

数亿年来，地球上出现过许多形形色色的动物，恐龙是其中最令人着迷的类群之一。恐龙最早出现在三叠纪时期，在之后的侏罗纪和白垩纪时期成为地球上的霸主。那时，恐龙几乎占据了每一块大陆，并演化出许多不同的种类。目前世界上已经发现的恐龙有1000多种，而尚未被发现的恐龙种类或许远超这个数字。

你知道吗？根据中国古动物馆统计，截至2022年4月，中国已经根据骨骼化石命名了338种恐龙，而且这个数字还在继续增长。目前，古生物学家在我国的26个省区市发现了恐龙化石，其中，内蒙古仅次于辽宁，是发现恐龙化石种类第二多的省区。

内蒙古现有40多种恐龙被命名，种类丰富，有很多具有重要的科研价值，如巴彦淖尔龙、独龙、乌尔禾龙和绘龙等。

你知道哪只恐龙创造过吉尼斯世界纪录吗？你知道哪只恐龙被称为"沙漠王者"吗？你知道哪只恐龙练就了"一指禅"功法吗？这些问题，在"爱上内蒙古恐龙丛书"中，都能找到答案。

"爱上内蒙古恐龙丛书"选取了12种有代表性的在内蒙古地区发现的恐龙，即巴彦淖尔龙、中国鸟形龙、临河盗龙、临河爪龙、乌尔禾龙、鄂托克龙、阿拉善龙、鹦鹉嘴龙、巨盗龙、绘龙、独龙和耀龙，详细介绍了这些恐龙的外形特征、发现过程以及家族成员等。每一种恐龙都有一张属于自己的"名片"，还有精美清晰的"证件照"，让呈现在读者面前的恐龙更加鲜活生动。

希望通过本丛书的出版，让大家看到内蒙古恐龙，乃至中国恐龙研究的辉煌成就，同时激发读者对自然科学的兴趣。

在丛书的编写过程中，我们借鉴了业内专家的研究成果，在此一并致谢！

第一章 ● 恐龙驾到 · · · · · · · · · 01

恐龙访谈 · · · · · · · · 03

我是中国恐龙方阵的代表 · · · 11

中国鸟形龙家族树 · · · · · 15

第二章 ● 恐龙速递 · · · · · · · · · 17

史前"睡美龙" · · · · · · · · 19

我要举办嘉年华 · · · · · · · 21

我是地地道道的中国龙 · · · · · 23

我有一顶红褐色的"帽子" · · · 25

我是最闪耀的龙 · · · · · · · 27

我到底是恐龙吗? · · · · · · · 29

我可不会捕蝴蝶 · · · · · · · 31

我也是"国字号" · · · · · · · 33

第三章 ● 恐龙猎人 · · · · · · 35

　恐龙的睡眠之谜 · · · · · 37

　假如恐龙没有灭绝 · · · · · 51

　末日浩劫 · · · · · · 61

第四章 ● 追寻恐龙 · · · · · · 77

　伤齿龙家族来报到 · · · · · 79

第一章　恐龙驾到

你知道吗，中国是世界上发现恐龙数量最多的国家之一，这里的史前世界无比壮丽。古生物学家经过一个多世纪的努力，为我们呈现出一个精彩纷呈的中国恐龙王国。

我心爱的
中国鸟形龙

如果你是恐龙迷，提到中国恐龙王国，或许你也会脱口而出几种发现于中国的恐龙。可是你知道哪些恐龙是以"中国"命名的吗？

早在二十世纪三四十年代，古生物学家就为在中国境内发现的恐龙精心准备了一些带有"中国"两个字的名称，而且这一传统一直延续至今。到目前为止，名称中含有"中国"的恐龙达20多种，下面让我们用热烈的掌声欢迎中国恐龙方阵的代表——杨氏中国鸟形龙！

内蒙古自治区鄂尔多斯市

 温度：30℃

招募：

恐龙酒店试睡员

如果你熟悉快门速度、擅长摄影；如果你文笔清丽，写得一手美文，在旅宿行业有一定的粉丝基础；如果你善于捕捉生活中的美好，乐于分享生活中的趣事，诚邀你到恐龙酒店来一场免费的试睡旅行，而且可以在试睡结束后发布相关体验感受。

期待你的加入！

Sinornithoides youngi

Lynx lynx

杨氏中国鸟形龙

诺古

 大家好，我是中国恐龙方阵的代表——杨氏中国鸟形龙。

您好，杨氏中国鸟形龙先生，十分感谢您在百忙之中抽出时间来参加恐龙访谈节目。

 您太客气了，我来这里也是为了让大家更全面地了解我们恐龙家族。

您可以详细地说一下中国恐龙方阵吗？

访谈

恐龙气象局温馨提示：

空气不错，可正常户外活动

未来3天不会降雨

主持人：诺古　本期嘉宾：杨氏中国鸟形龙

虽然中国对于恐龙的研究起步较晚，但一代一代的古生物学家团结一心、忠贞为国的高尚情怀值得我们学习。

不好意思，虽然我十分敬佩中国的古生物学家，但这和中国恐龙方阵有什么关系呢？

当然有关系了，如果没有他们精心为我们准备的名字，我怎么可能是"国字号"？不然你说说看，除中国外，还有哪些恐龙的名字是以国家的名字命名的？

让我想想，阿根廷龙和……

阿根廷龙的确是以阿根廷这一国家命名。但以国家命名的恐龙是极少数的，不像中国可以达到20多种。

阿根廷龙生活在白垩纪时期，属于大型蜥脚类恐龙。它们的化石并不完整，所以有关它们的体形一直存在争议。2019年，一位古生物学家估算阿根廷龙的体长可达30多米，体重约65吨~75吨。

化石猎人　成长笔记

这样说来，的确是。美国和加拿大也是发现恐龙数量较多的国家，但没有听说过有美国龙和加拿大龙。

所以说，要向中国的古生物学家致敬！而且除了恐龙化石之外，一些遗迹化石如恐龙脚印，也有以"中国"二字命名的。

杨氏中国脚印

不得不说，中国的古生物学家太了不起了！不过，名字中带有"中国"二字的恐龙，我只知道中国缙云甲龙和三叠中国龙。

虽然我们都是"国字号"，但中国缙云甲龙和我是不一样的。

嗯？不是都有"中国"两个字吗？

一般情况下，生物的命名采用现代生物分类学之父林奈提出的"二名法"，即一种属名 + 种名的形式。

化石猎人成长笔记

中国缙云甲龙
中国缙云甲龙的化石发现于浙江省缙云县。这种恐龙是目前发现的最古老的有尾锤的甲龙类，它们的尾巴末端有一个球状硬骨，就像一个大锤子。

三叠中国龙
三叠中国龙的化石发现于云南省。它们是一种小型肉食性恐龙，体长约 2.5 米，头上长有成对的头冠，不过这个冠应该不是用来争斗的，而只是用来展示的。

所以说，中国缙云甲龙中的"中国"是种名，而您名字中的"中国"是属名？

没错，这点从我们的拉丁文名中就可以看出来。中国缙云甲龙的拉丁文名为 *Jinyunpelta sinensis*。

以我的拉丁文名为例。我的拉丁文名是"*Sinornithoides youngi*"，而中国的拉丁文是 *Sinae*，这个词在与其他词缀结合的时候就会变为"*Sino-*"，你看我的属名中就有这个词，所以我被称为"中国鸟形龙"。

我猜如果种名是"*sinensis*"，就是以"中国"为名的恐龙。

生物的种名会根据它们的发现者、发现地和生理特征等命名。这些词缀需要拉丁化，要在地名上加"-*ensis*"的尾缀，所以如果你看到一只恐龙的种名为 *sinensis*，那它一定是"国字号"。

不好意思，我怎么越听越糊涂呢？

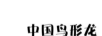

中国鸟形龙

原来是这样，看来古生物学家在起名的时候也是颇费苦心。您名字中的"鸟形"和您也是很符合的。

我们家族和现生鸟类的亲缘关系很近，而且我们还与早期鸟类拥有许多共同特征。

早期鸟类

您别说，还真是！在现生的动物中，只有鸟类长有羽毛，但古生物学家在您"兄弟姐妹"的化石中发现了许多长有羽毛的恐龙。

除羽毛外，我们的脑部结构、休息方式等也和现生的鸟类很相似。

中国鸟形龙

我看到您的前肢和现生鸟类一样向后折，这么说，您可以飞行？

飞行？说实话，我不会。从我后肢的形态可以看出我更善于奔跑。

那您的家族成员都像您一样不会飞吗？

如果古生物学家将近鸟龙也归为我的家族，那我的家族成员还是有会飞的，但它们的飞行能力也没好到哪里去。

近鸟龙

将近鸟龙归为您的家族？您可以说得再详细一些吗？

我们家族的系统分类一直存在争议，有些古生物学家认为近鸟龙属于我们家族，如果真的是这样，我还挺开心。

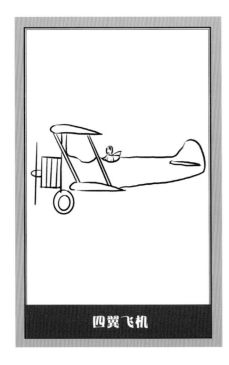

四翼飞机

这样的话您将多一个被称为"四翼小飞机"的亲戚。

这倒不是重点，重点是我们家族的化石记录将会扩展到侏罗纪时期的亚洲和欧洲的地层中，想想都觉得很开心！

祝您梦想早日达成！

谢谢，其实我有时候也搞不清自己到底属于哪个家族。

您不是属于智力和颜值都在线的伤齿龙家族吗?

我指的是一些古生物学家曾将我们伤齿龙家族和驰龙家族一起归到了恐爪龙类。但最近，一些研究认为我们家族和鸟翼类的关系要比驰龙科近。

化石猎人成长笔记

平衡恐爪龙

鸟翼类（奇异福建龙）

恐爪龙类

恐爪龙类属于驰龙家族，它们生活在白垩纪时期（距今约 1.15 亿 ~ 1.08 亿年）。它们有着镰刀状的第二趾，一些古生物学家曾认为它们会用其锋利的第二趾来割伤猎物，但最近的研究显示，这个趾只是起到刺戳的作用。

鸟翼类

鸟翼类也被称为初鸟类，它们的形态和现生鸟类相似，只不过其中的许多物种长着牙齿及翅膀上的爪子。

原来是这样。但古生物学不就是这样吗，或许今天刚刚发现的化石就可以推翻长久以来一直坚信的东西，这也是古生物学的奇妙之处。不过，您的脚趾和驰龙家族的很像呢！

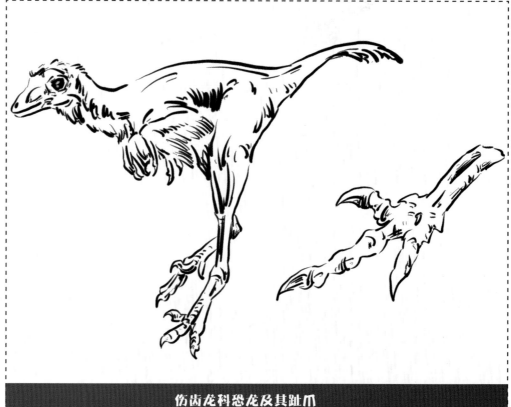

伤齿龙科恐龙及其趾爪

我们的后肢上都长有一个镰刀似的可以收缩的第二脚趾，但我们的第二脚趾比驰龙家族的要小一些，而且弯曲程度也不如它们。

我特别好奇，这样的脚趾难道不会影响您的奔跑速度吗？

我们在奔跑的时候会将第二脚趾抬起，不然受到磨损可就不好了，毕竟那个时候没有美甲。

哈哈，想必您的脚趾也可以刺戳猎物吧？

古生物学家根据我们的骨骼推测，我们脚掌的力量较小，不似驰龙强壮，所以在猎食的时候会用脚掌和趾爪将猎物牢牢压在地上。

驰龙的脚部与第二趾爪

那您觉得古生物学家的推测准确吗？

准不准确，您试试不就知道了。

您可真会说笑，我们还是继续聊聊您的家族吧。

纯属玩笑，别当真，虽然我们曾被认为是一种猎食性动物，但也只是以小型哺乳动物或无脊椎动物为食。何况有些证据还显示我们家族的一些成员可能是杂食性或植食性恐龙。

那就好，吓死我了……

哈哈，下面还是随我一起来认识一下我的家人吧！

我是中国恐龙方阵的代表

杨氏中国鸟形龙

全部

拉丁文学名： *Sinornithoides youngi*

属名含义： 中国的鸟类外形

生活时期： 白垩纪时期（约 1.13 亿年前）

命名时间： 1993 年

1988 年，中国—加拿大科学考察队在内蒙古鄂尔多斯盆地发现了一具几乎完整的小型兽脚类恐龙骨骼化石。更难得的是，化石发现时，它的口鼻位于其前肢下方，和现生鸟类的休息状态相似，所以古生物学家推测它是在睡眠过程中意外死亡并被快速埋藏形成了化石。

休息中的鸟类

这件标本在发现之初曾被认为是鹦鹉嘴龙的标本，但随着古生物学家的进一步研究，认定它属于伤齿龙家族。1993 年，古生物学家董枝明等人将这具标本命名为中国鸟形龙，并将其种名献给为中国恐龙研究作出巨大贡献的杨钟健先生。

董枝明是一位著名的古生物学家，他是世界上第一个在北极地区找到恐龙化石的人。他曾命名了 35 种恐龙，李氏蜀龙、太白华阳龙都是由他命名。他还建立了中国第一个恐龙博物馆——自贡恐龙博物馆。

董枝明

🔍 **杨氏中国鸟形龙** | **全部**

杨氏中国鸟形龙是中国鸟形龙属的模式种且唯一种。发现的那具骨骼化石是到目前为止伤齿龙家族中保存最完整的标本之一，只是缺少部分头骨、颈椎和背椎等。

模式种类似一个参照物，用来对比后期新发现的物种是否与这个参照物相似，如果相似则和模式种属于同一家族。

模式种

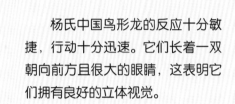

杨氏中国鸟形龙的反应十分敏捷，行动十分迅速。它们长着一双朝向前方且很大的眼睛，这表明它们拥有良好的立体视觉。

杨氏中国鸟形龙有着修长的后肢，可以帮助它们快速奔跑。在它们后肢的第二脚趾上长有一个巨大且可以收缩的趾爪，这个趾爪似镰刀，应该是用来固定猎物的。

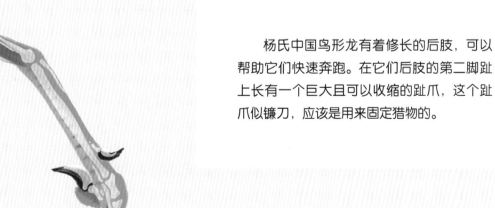

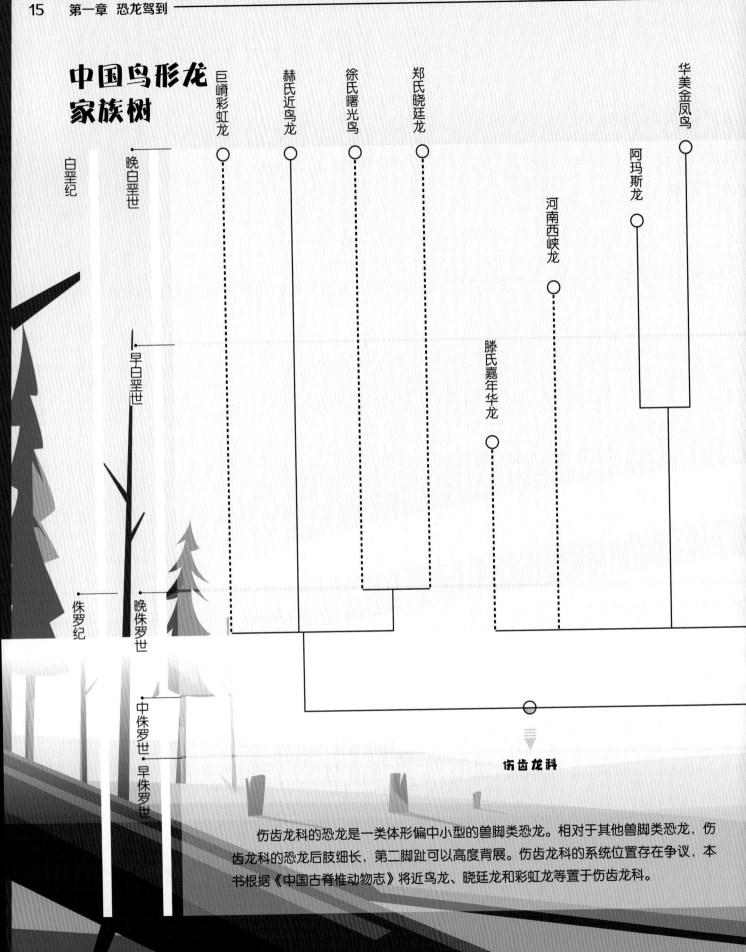

中国鸟形龙
家族树

白垩纪

晚白垩世

早白垩世

巨嵴彩虹龙

赫氏近鸟龙

徐氏曙光鸟

郑氏晓廷龙

华美金凤鸟

阿玛斯龙

河南西峡龙

滕氏嘉年华龙

侏罗纪

晚侏罗世

中侏罗世

早侏罗世

伤齿龙科

　　伤齿龙科的恐龙是一类体形偏中小型的兽脚类恐龙。相对于其他兽脚类恐龙，伤齿龙科的恐龙后肢细长，第二脚趾可以高度背展。伤齿龙科的系统位置存在争议，本书根据《中国古脊椎动物志》将近鸟龙、晓廷龙和彩虹龙等置于伤齿龙科。

我心爱的
中国鸟形龙

0.66亿年前

寐龙

张氏中国猎龙

巨齿曲鼻龙

杨氏中国鸟形龙

美丽伤齿龙

柯里氏菲利猎龙

谭氏临河猎龙

1亿年前

1.45亿年前

1.64亿年前

我想现在你应该对我有了
一定的了解，接下来我要隆重
地为您介绍一下我的家族！

2.01亿年前

第二章 恐龙速递

大约在 2.3 亿年前的三叠纪，出现了一类名叫恐龙的爬行动物，它们是中生代时期地球上的主要居民，几乎占据着当时的每一片大陆。

我心爱的
中国鸟形龙

迄今为止，全世界发现的恐龙有 1000 多种，古生物学家根据恐龙的骨骼特征等将恐龙分为诸多家族，如甲龙类、剑龙类和角龙类等。每一个家族又包含许多成员，它们有相同之处，也有神奇迥异之处：有的尾巴上长着大尾锤，有的尾巴上长着尖刺；有的喜欢吃植物，有的喜欢吃鱼；有的头上长着"长管"，有的头上戴着"头盔"……

史前"睡美龙"

🔍　**寐龙**	全部

拉丁文学名： *Mei long* 　—

名称含义： 睡着的龙 　—

生活时期： 白垩纪时期（约 1.25 亿年前） 　—

命名时间： 2004 年 　—

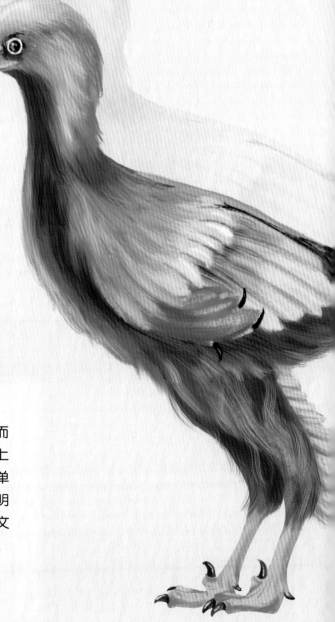

在恐龙王国中，有一位"睡美龙"，它在沉睡了 1 亿多年后被古生物学家唤醒，还被赋予了一个美丽的名字"寐龙"。

一般情况下，古生物学家会用拉丁文命名，而寐龙则是以汉语拼音 "*Mei long*" 为名，它是世界上第一种用汉语拼音命名的恐龙。不过这并不是简单的汉语拼音，而是包含了寐龙的属名和种名，表明它是一只正在睡觉的恐龙。曾经寐龙因它的拉丁文名收获了一个世界纪录——世界最短的恐龙名称，只是这一纪录在 2015 年被奇翼龙打破。

**我心爱的
中国鸟形龙**

寐龙的化石保存得比较完整，是世界上发现的第一个保留了睡眠姿态的恐龙化石。寐龙的睡姿和现生鸟类非常相似，古生物学家推测这具寐龙化石是一个幼年晚期或成年早期的个体。

睡眠时的寐龙

寐龙体形娇小，也具有家族标志性的镰刀状趾爪。它们的嘴中长有锋利的牙齿，古生物学家推测寐龙可能会吃植物的果实、昆虫和小型哺乳动物。

我要举办嘉年华

🔍 滕氏嘉年华龙	全部

拉丁文学名： *Jianianhualong tengi*

属名含义： 嘉年华蜥蜴

生活时期： 白垩纪时期（约 1.24 亿年前）

命名时间： 2017 年

2017 年，古生物学家徐星等人将一个保留了羽毛的近乎完整的恐龙骨骼命名为"滕氏嘉年华龙"。其属名"嘉年华"取自赞助此项研究的一家公司的名称，而种名"滕氏"则献给了大连星海古生物化石博物馆的馆长滕芳芳女士，感谢她所提供的滕氏嘉年华龙正模标本。

徐星是世界上命名恐龙有效属种最多的学者之一，如窃蛋龙类、镰刀龙类等，而且他在研究鸟类起源和羽毛起源等方面都有突出的贡献，但谁都未曾想到这个优秀的古生物学家原本的梦想是成为一名物理学家。

徐星

滕氏嘉年华龙具有较长的尾部、四翼及强壮的后肢，上面还保存有羽毛，其羽毛的分布模式和近鸟龙相似。滕氏嘉年华龙的发现对古生物学家进一步研究鸟类起源有着重要的作用。

滕氏嘉年华龙的彩色写真

2018 年 12 月，由国内外多家研究单位派出专家组成的专门队伍，用大面积微聚焦 X 射线荧光光谱技术获得了滕氏嘉年华龙的一张彩色写真——X 射线元素分布图。这是世界上第一张恐龙彩色写真，滕氏嘉年华龙的细小牙齿也清晰可见。

我是地地道道的中国龙

🔍 | 柯里氏菲利猎龙   全部

拉丁文学名：*Philovenator curriei*   –

属名含义：菲利的猎人   –

生活时期：白垩纪时期（约 0.75 亿年前）   –

命名时间：2012 年   –

　　1988 年，古生物学家在内蒙古自治区巴彦淖尔市巴音满都呼地区发现了一具近乎完整的身体骨骼，它的体长约 50~70 厘米，古生物学家认为它是一具幼年的蜥鸟龙化石。后经过古生物学家细致的比较和分析，认为它是一个新的伤齿龙家族成员，所以 2012 年将其命名为柯里氏菲利猎龙。柯里氏菲利猎龙的属名和种名都献给了菲利普 J. 柯里教授，以感谢他对手盗龙类的研究所作出的杰出贡献。

　　古生物学家推测柯里氏菲利猎龙因环境变化、竞争压力或食物短缺等因素，变为了不挑食的杂食性恐龙。柯里氏菲利猎龙的发现增加了白垩纪晚期伤齿龙家族的形态差异度。

蜥鸟龙的化石发现于蒙古国，身长约
2~3米，眼睛很大，拥有良好的立体视觉，
古生物学家推测它们的夜间视力比较好。

蜥鸟龙

我有一顶红褐色的"帽子"

🔍 赫氏近鸟龙   全部 ▾

拉丁文学名: *Anchiornis huxleyi*   –

属名含义: 接近鸟类   –

生活时期: 侏罗纪时期(约 1.6 亿年前)   –

命名时间: 2009 年   –

2009 年 9 月,古生物学家在辽宁省建昌县发现了一件带羽毛的恐龙化石,并将其命名为赫氏近鸟龙。

赫氏近鸟龙的种名"赫氏"献给了坚定支持达尔文进化论的英国科学家赫胥黎,他首次提出了恐龙与现生鸟类之间存在着演化关系。

赫氏近鸟龙的前肢、后肢和尾部都有羽毛的分布，这些羽毛被认为是一种原始状态的羽毛，所以古生物学家判断它们的飞行能力有限。

2010 年，古生物学家几乎完成了对赫氏近鸟龙全身的"涂色"。他们通过电子显微镜观察其身上的黑素体发现，赫氏近鸟龙头顶的羽毛主要是红褐色，或许这是为了区分同类或吸引异性；身上的羽毛为灰色和黑色；翅膀上的羽毛则是黑白相间的条纹状。赫氏近鸟龙是目前世界上为数不多的被古生物学家成功复原颜色的恐龙。

我是最闪耀的龙

🔍 巨嵴彩虹龙	全部

拉丁文学名：*Caihong juji*   —

属名含义：彩虹蜥蜴   —

生活时期：侏罗纪时期（约 1.61 亿年前）   —

命名时间：2018 年   —

2014 年，辽宁省古生物博物馆从一位农民手中征集到了一块带有羽毛的恐龙化石。随后的几年里，古生物学家对它展开了详细的研究。他们发现这是一种和鸟类亲缘关系很近的恐龙，并最终将其命名为巨嵴彩虹龙。

从巨嵴彩虹龙骨架的周围可以清晰地看到羽毛的印痕。它的尾羽是不对称的飞羽，这也使得它成为世界上最早具有不对称飞羽的动物之一，这也说明巨嵴彩虹龙已经具有辅助飞行的特征。

古生物学家在巨嵴彩虹龙的羽毛化石中发现了
色素的痕迹，并发现其黑素体的排列方式和蜂鸟颈
部羽毛相似。由此，古生物学家推测它的羽毛可能
如彩虹般美丽：头部有红、绿、蓝等多种色彩，翅
膀上会反射出彩虹光泽。巨嵴彩虹龙华丽的羽毛可
能与现生孔雀相似，有社交和同类区分的作用。

我到底是恐龙吗?

🔍 | **华美金凤鸟**　　　　　　　　　　　　　　**全部**

拉丁文学名: *Jinfengopteryx elegans* —

属名含义: 金凤凰的羽翼 —

生活时期: 白垩纪时期(约 1.22 亿年前) —

化石最早发现时间: 2004 年 —

2005 年 3 月,古生物学家季强在《地质通报》上发表文章称在河北省丰宁满族自治县龙凤山发现一具化石,它被命名为华美金凤鸟。其属名取自中国神话中的金凤凰,并由汉语拼音"金凤"和希腊语"羽翼"组成,种名为希腊语"华美"。

季强是我国著名的古生物学家,有"龙鸟之父"之称,为鸟类的起源研究作出了重大贡献。

季强

华美金凤鸟的化石标本保存得十分完整，它的尾巴很长，约占身体的一半。令人感到诧异的是，古生物学家在华美金凤鸟的身体中发现了 11 个褐黄色的卵形岩石，经考证这些岩石是华美金凤鸟尚未成形的宝宝。

华美金凤鸟的全身都被羽毛覆盖，所以最初被认为是一种鸟类。但古生物学家徐星等人通过对华美金凤鸟的身体形状和牙齿特征等分析，认为其属于小型兽脚类恐龙——伤齿龙科，这是第一个发现保存有羽毛痕迹的伤齿龙科成员。

我可不会捕蝴蝶

内蒙古蝶猎龙　　　　　　　　　　　　　　　全部

拉丁文学名: *Papiliovenator neimengguensis* —

属名含义: 蝴蝶猎人 —

生活时期: 白垩纪时期（0.83 亿 ~ 0.72 亿年前） —

化石最早发现时间: 2018 年 —

内蒙古蝶猎龙的背椎

　　2018 年，古生物学家在内蒙古自治区巴彦淖尔市巴音满都呼地区发现了一具伤齿龙科的化石。2021 年，古生物学家将其命名为内蒙古蝶猎龙，其属名取自拉丁语的 "papilio"（蝴蝶）和 "venator"（猎人），蝴蝶指的是它们背椎特殊的蝶形结构，而其种名取自化石的发现地——内蒙古。

内蒙古蝶猎龙化石保存了完整的头骨结构，其头骨长约 12 厘米。古生物学家根据它的骨骼特征发现该个体在死亡时的生长速率已经开始降低，是一只亚成年的伤齿龙类。

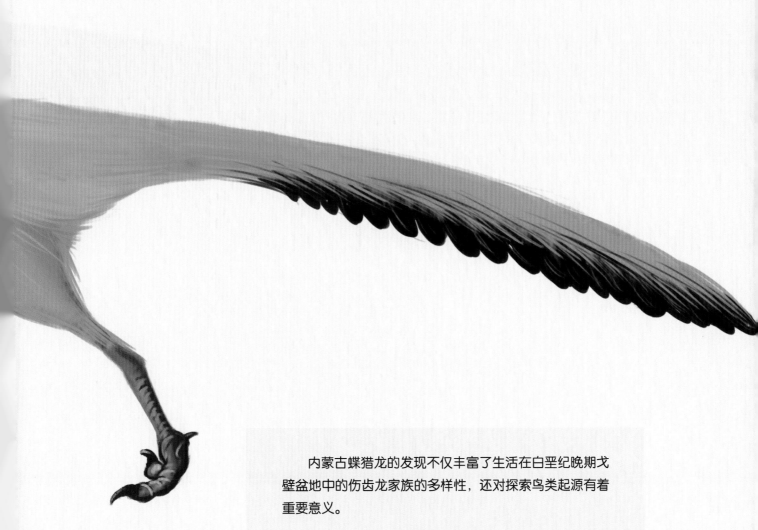

内蒙古蝶猎龙的发现不仅丰富了生活在白垩纪晚期戈壁盆地中的伤齿龙家族的多样性，还对探索鸟类起源有着重要意义。

我也是"国字号"

🔍 张氏中国猎龙	全部

拉丁文学名: *Sinovenator changii*

属名含义: 中国的猎人

生活时期: 白垩纪时期(约 1.25 亿年前)

命名时间: 2002 年

张氏中国猎龙是中国猎龙家族中的模式种且唯一种,2002 年,古生物学家徐星等人在《自然》杂志上发表了相关论文。其属名意为"来自中国的猎人",而种名"张氏"则献给了张弥曼女士。

张弥曼是中国古脊椎动物学家,中国科学院院士,她对热河生物群研究作出了巨大的贡献。2018 年 3 月,联合国教科文组织授予她"世界杰出女科学家奖"。

张弥曼

中国猎龙的脑颅结构和始祖鸟比较相似，但它们和现生鸟类的脑颅结构有较大的区别，所以古生物学家推测它们缺乏适于飞行的结构。

中国猎龙的后肢和尾部都比较长，这表明它们是一种适于快速奔跑的恐龙。虽然目前还没有在已发现的中国猎龙的化石上发现羽毛的痕迹，但古生物学家在其他伤齿龙家族，如近鸟龙和嘉年华龙的化石上发现了羽毛的痕迹，所以据此推测中国猎龙的身体上可能也覆盖着羽毛。

第三章 恐龙猎人

中生代可谓是爬行动物的天下，无论是海洋、天空还是陆地，都有它们的身影。海洋中，由鱼龙类和蛇颈龙类等海生爬行动物占据；天空中，有翼龙类这种会飞的爬行动物翱翔；陆地上，有被称为"恐怖蜥蜴"的恐龙称霸！

我心爱的
中国鸟形龙

恐龙在地球上统治了 1.6 亿年之久，除陆地之外，它们还涉足天空和海洋。恐龙拥有惊人的适应能力，并随着环境的变化演化出了独特的身体结构，不同的生活方式和生存技能等，从而使得它们成为中生代最繁盛和最具生存优势的脊椎动物。

虽然目前已经发现和认识了许多恐龙，但还有很多与恐龙相关的内容等待我们进一步发掘，如果你对自然界保持好奇，请随我们一起回到恐龙世界，修炼成为一名优秀的恐龙猎人！

恐龙的睡眠之谜

在人的一生中，睡眠几乎占据了我们一天三分之一以上的时间。如果按照每人每天 8 小时的睡眠时间来算，一个人活到 60 岁，大约有 20 年的时间都在睡觉。

有研究表明，人类每天都需要充足的睡眠来给自己"充电"，从而恢复一天中被消耗的脑力和体力。其实，无论是人类还是动物，都需要用睡觉来养精蓄锐。

提起睡眠，你是否想过这一行为是从何时开始出现的呢？或者所有的生物都会睡觉吗？

在过去十几年中，科学家证实了鱼类、鸟类和哺乳类等现生生物都存在睡眠行为。

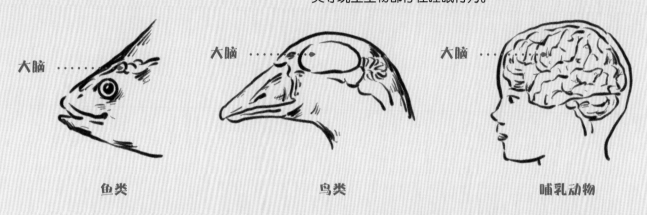

大脑   大脑   大脑

鱼类   鸟类   哺乳动物

对于世界上最古老的生物之一水母来说，虽然它们的神经系统呈最原始、最简单的网状，但科学家也通过实验证明，水母存在调控神经系统的睡眠行为。

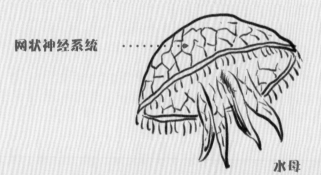

网状神经系统

水母

或许你会说，水母既没有眼睛，也不会说话，更不会躺在某个地方，怎样才能知道它们是在睡觉呢？其实科学界对于许多物种是否存在睡眠行为有以下三条判断标准：

①稳态反弹，简单说就是在长时间没有得到休息后，生物会犯困，需要补充睡眠。

②静息，是指生物在进入睡眠后的活动会减少。

③对外界刺激的反应降低。

通过上述标准，科学家可以判断出一种生物是否存在睡眠行为。

不过，这些标准似乎只能证实现生动物的睡眠行为。对于已灭绝的古生物来说，还需要寻找其他证据来证明。

2004 年 10 月 14 日，古生物学家徐星在《自然》杂志上发表了一篇论文，论文中他描述了寐龙。

寐龙

寐龙所表现出的种种特征都显示出现生鸟类与恐龙之间的亲缘关系。或许我们无法见到恐龙睡眠时的模样，但是我们可以通过研究与之相关的现生动物来探索它们睡觉的秘密。

寐龙的体形较小，身上长有羽毛，和现生鸭科动物相似。它们的行动十分敏捷，在遇到危险的时候可以爬到树上躲避。寐龙作为一种原始的伤齿龙类，在它们较长的前肢上有三指，可以用来抓握食物，而健壮的后肢上长有可以弯曲的镰刀状趾爪。

绿头鸭（鸭科动物）

寐龙的脑袋相对较短，上面长着一双
又大又圆的眼睛，嘴巴上有一对很大的鼻
孔，嘴中还长有两排又小又锋利的牙齿，
这些牙齿的末端非常尖锐，可以很好地撕
咬猎物。

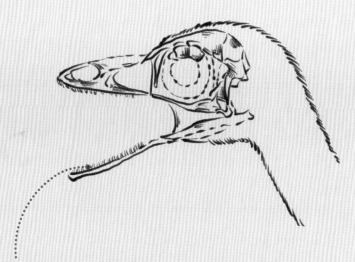

寐龙的头部形态

更为重要的是，目前所发现的两具寐
龙标本都是呈蜷缩状的睡眠姿态：脖子向后
弯曲，头部微微藏在翅膀下面，后肢蜷缩在身体下
方，长长的尾巴环绕在身体周围。

这种睡眠姿态和现生天鹅等脖子较长
的鸟类极为相似。

睡眠中的天鹅

古生物学家推测，寐龙的睡眠姿态或许是它们对自身的一种保护，同时也可以让身体的散热面积减少，
从而帮助它们降低热量的散失。

睡眠中的寐龙

寐龙的骨骼化石不仅完整，而且保存了立体形态。由此古生物学家推测，在 1.25 亿年前的某一天，火山突然爆发，迅速淹没了地面上的生命，而正在熟睡中的寐龙被火山灰迅速掩埋，窒息而亡。

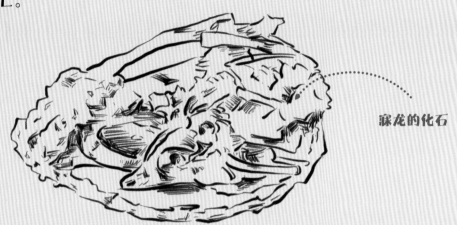

寐龙的化石

寐龙化石的发现让我们了解到了更多有关恐龙的睡眠之谜，也对古生物学家研究恐龙的行为习惯具有重要的意义。通过寐龙的化石，我们知道恐龙也会睡觉，可是你是否好奇过它们的睡姿是什么样的？站着？趴着？仰着？还是和寐龙一样蜷缩着？

2020 年，一位农民在辽宁省北票市陆家屯附近发现了一具小型鸟臀类恐龙化石，古生物学家将其命名为辽宁长眠龙，其属名"长眠"意为永恒的睡眠，因为化石呈现出的是睡眠时的姿态。

辽宁长眠龙的化石

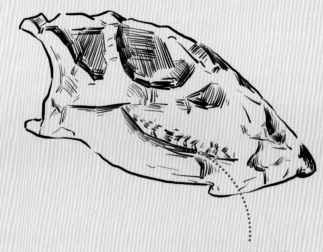

辽宁长眠龙生活在约 1.23 亿年前的白垩纪早期，它们的体长约为 1.17 米，属于植食性恐龙。

辽宁长眠龙的头骨

辽宁长眠龙有一条长长的尾巴，前肢较短，后肢修长，属于典型的用双足站立和奔跑的动物。

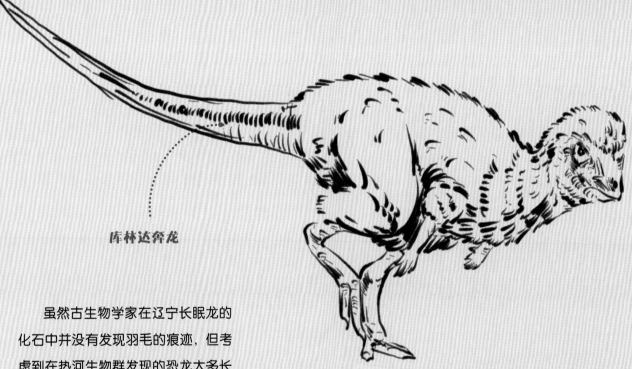

库林达奔龙

虽然古生物学家在辽宁长眠龙的化石中并没有发现羽毛的痕迹，但考虑到在热河生物群发现的恐龙大多长有羽毛，而且与辽宁长眠龙亲缘关系较近的库林达奔龙也长有羽毛，所以我们所看到的辽宁长眠龙复原图除尾巴是鳞片外，其他地方都长有羽毛。

库林达奔龙是一种具有原始羽毛的鸟臀类恐龙，它们生活在侏罗纪时期的西伯利亚。与其它带有羽毛的恐龙不同，古生物学家在它们的化石上既发现了鳞片又发现了羽毛的痕迹。

库林达奔龙

辽宁长眠龙的两块化石都保存得十分完整，古生物学家
不仅可以复原出它们的样子，还可以了解到它们的睡眠姿态。

辽宁长眠龙和寐龙的睡眠姿态比较相似：它们的前肢向后收缩，后肢蜷缩在身体下方，而且其中一只辽宁长眠龙的颈部也向后弯曲。

与寐龙睡眠姿态不同的是，辽宁长眠龙采用蹲坐的姿势睡觉，它们的尾巴不能将身体环绕起来，而是呈笔直的状态。虽然它们的尾巴比较僵硬，不够柔软灵活，但是可以帮助它们在快速奔跑的时候保持身体平衡。

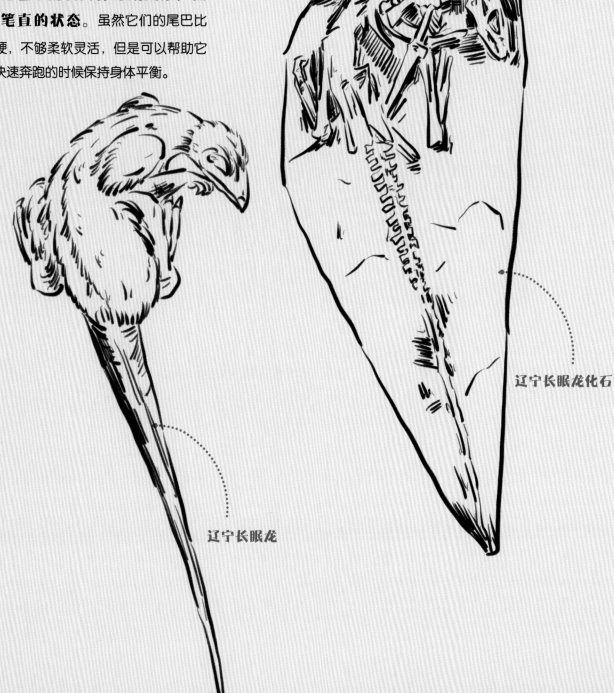

辽宁长眠龙

辽宁长眠龙化石

古生物学家从辽宁长眠龙的骨骼特征推测它们很可能是一种穴居动物：脖子和前肢虽然较短，但很结实；鼻尖的形状和铲子类似，而且它们的肩胛骨呈现出穴居脊椎动物的特征。

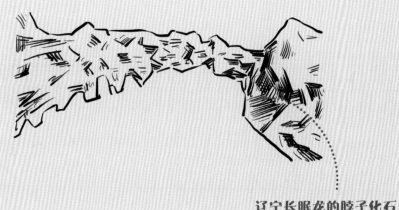

辽宁长眠龙的脖子化石

这也很好地解释了为什么辽宁长眠龙被困在一个塌陷的地下洞穴中，且完美逼真地呈现出它们睡眠时的姿态。

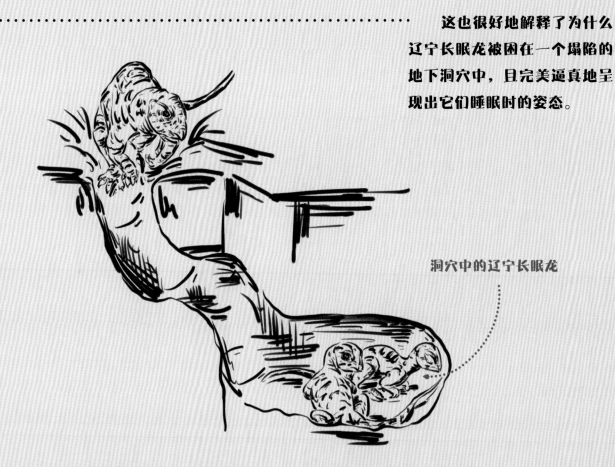

洞穴中的辽宁长眠龙

虽然辽宁长眠龙与鸟类的亲缘关系不如寐龙亲近，但它们所表现出的与鸟类相似的睡眠姿态足以说明，鸟类睡眠姿态的起源可能比我们想象的还要早。

我想，读到这里的你对恐龙的睡眠已经有了初步了解。虽然我们无法亲眼看到每一种恐龙的睡眠姿态，但我们可以通过它们所留下的化石来推测。

而且为了更深入地了解恐龙的行为习惯，古生物学家也会根据以下几种证据来推测恐龙的睡眠姿态：

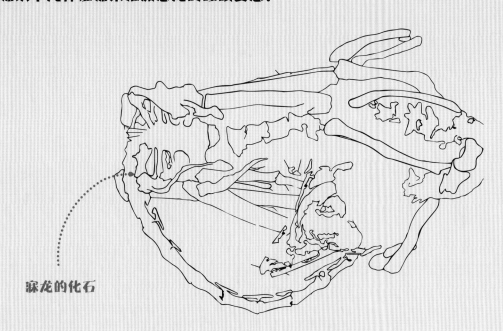

寐龙的化石

第一种，如上文所说，像寐龙和辽宁长眠龙这种正在睡觉的恐龙被保存成为化石；

第二种，根据现生鸟类来推测它们的睡眠姿态。

研究表明鸟类是由小型兽脚类恐龙演化而来，所以也只有小型兽脚类恐龙的睡眠姿态可以根据鸟类来推测。

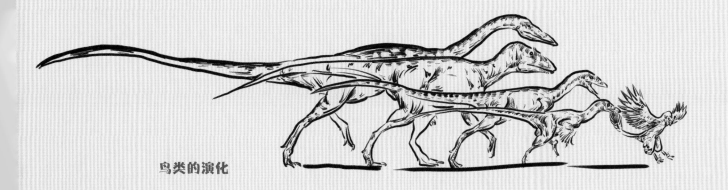

鸟类的演化

可是对于马门溪龙、剑龙和甲龙等与鸟类亲缘关系较远的恐龙来说，如果没有化石证据，它们的休息方式就不得而知了，只能靠大家的想象。

甲龙休息想象图

有些人认为暴龙和现生肉食性动物相似，在猎食后比较疲惫，需要长时间的睡眠，所以它们会选择乖乖地趴在地上睡觉。

或许你会说，它们的大脑袋那么沉，会不会在趴下后起不来呢？有些古生物学家认为暴龙的小短手此刻就可以派上用场了，它们会用小短手将前半身支撑起来，并将身体的重心后移，然后站立起来。

暴龙休息想象图

有些人认为三角龙从不单独睡觉，它们睡觉时会和自己的同伴围成一个圆圈，并将年幼的三角龙放在中间。它们会以脑袋朝外、尾巴朝里的姿势入睡，从而防止敌人的偷袭。

三角龙休息想象图

还有一些人认为像盘足龙这样的长脖子恐龙会和现生长颈鹿一样需要控制睡眠时长，所以它们大部分在睡眠时呈站立状。

因为如果盘足龙卧倒身体、把沉重的长脖子完全放下，它们很难立刻起身，这样会增加它们被捕食的风险。

休息中的长颈鹿

盘足龙的模式种是师氏盘足龙，它们是中国最早期命名的恐龙之一。它们的腿呈柱状，脚就像圆盘，可以帮助它们稳步行走。

盘足龙

尽管以上观点都缺乏确凿的化石证据，但不可否认它们的确具备了一定的合理性。不过，在古生物学家找到相关的化石证据前，这些观点只能存在于想象之中。

或许你会说，像寐龙和辽宁长眠龙这样呈现睡眠姿态的恐龙化石少之又少，如果只是根据保存有睡眠姿态的化石来推测，那推测、研究就真是难上加难了。读到这里的你千万不要着急，因为古生物学家还会根据第三种证据来推测，即根据恐龙趴在地上所产生的遗迹化石来推测。

遗迹化石指的是在化石中会保存一些古生物生活时期所留下的痕迹或遗物，比如粪便、足迹和蛋化石等。

遗迹化石

蛋化石

恐龙趴在地上还会留下印记，而且一直保留至今？是的，你没有看错。我们都知道恐龙并不是一直都会保持着活力满满的状态，它们也需要睡觉和休息。而当它们特别累，恰好在一个泥土比较松软的地方休息了很久时，这里的泥土便可能会被它们庞大的身躯压出一个印记。

趴着的恐龙

根据这个印记，古生物学家便可以推测出这只恐龙在睡觉时四肢的位置、身体的位置及尾巴的位置，由此来判断恐龙睡眠时的姿态。

虽然这些证据比起寐龙和辽宁长眠龙那样呈三维立体保存的恐龙化石来说不够直观，但能够找到这样的遗迹化石已经非常难得了。

古生物学家在美国发现了一些距今约 1.98 亿年的遗迹化石。虽然一般情况下，古生物学家很难确定遗迹化石的主人。但此次发现的遗迹化石的主人基本可以确定为双冠龙。因为在同一地层中只有双冠龙的大小符合遗迹化石中所发现的足迹的大小。

双冠龙也被称作双脊龙，是一种生活在侏罗纪早期的中大型肉食性恐龙，它们的体长约 7 米，体重约 400 千克。双冠龙的属名意为"两个脊冠的蜥蜴"，古生物学家推测它们的头冠仅可以用于种内识别或者求偶炫耀。

双冠龙

除了踩在地上的足迹外，古生物学家在这些遗迹化石中似乎还找到了这只双冠龙在休息时所留下的印记，也就是它们前肢和尾巴等放在地上所留下的印记。

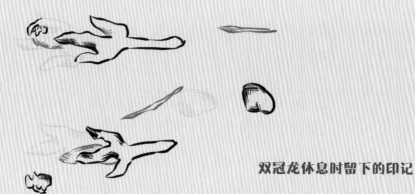

双冠龙休息时留下的印记

根据这些遗迹化石，古生物学家了解到这只双冠龙休息时的姿态：它们双手掌心相对，后肢和双脚对称地放在身体两侧，呈蹲坐的姿态。这样看来，它们休息时的姿态似乎和现生鸟类很相似。

休息中的双冠龙

除此之外，古生物学家在美国犹他州的纳瓦霍砂岩中也发现了兽脚类恐龙蹲坐的遗迹化石。遗憾的是，古生物学家无法确定这些遗迹化石的主人是谁。

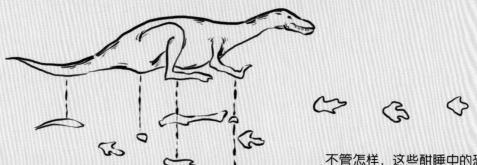

兽脚类恐龙蹲坐在地上的痕迹

不管怎样，这些酣睡中的恐龙姿态和它们所留下的遗迹化石，帮助我们更进一步地了解了恐龙的睡眠之谜。也许你会为这些睡眠中的恐龙成为化石而感到惋惜，但正因如此，它们的瞬间才会被凝固在历史的长河中。

假如恐龙没有灭绝

　　46 亿年来，地球上的物种诞生消亡。随着三叠纪末期的第四次生物大灭绝，陆地上大约有 70% 的生物都消失了。但恐龙却在这一次灭绝事件中彻底改变了它们的命运。

　　侏罗纪到白垩纪期间，地球上的生态环境特别好，气候温暖湿润，到处都遍布着湖泊和沼泽。

我心爱的
中国鸟形龙

充沛的降雨和光照使得植物生长得郁郁葱葱，形成了茂
密的沼泽森林，为恐龙的发展提供了得天独厚的外部条件。

觅食的蜥脚类恐龙

恐龙凭借着特殊的站立姿态及良好的外部条件，迅速占领了陆地上的各个角落。

到了侏罗纪晚期，地球上出现了许多长达几十米、重达上百吨的"巨无霸"。它们过着悠然自得的生活，不用为了食物到处奔波，所以它们肆无忌惮地生长。这也为肉食性恐龙提供了充足的食物来源。

充足的食物和生存空间使得恐龙登上了历史舞台的 C 位，成为地球上的超级霸主。然而在 6600 万年前，地球上发生了第五次生物大灭绝，包括恐龙在内的许多物种都灭绝了，恐龙的黄金时代到此结束。哺乳动物幸存下来并繁衍生息，也使得人类的出现成为可能。

不过倘若没有第五次生物大灭绝，恐龙得以幸存，那么哺乳类和鸟类或许就没有机会崛起。因为在恐龙称霸的时期，哺乳类可活动的空间范围很小，它们几乎都在地下洞穴过着暗无天日的生活。显然人类出现的概率也是微乎其微。

于是，科学家进一步猜想，如果恐龙没有灭绝，它们中的某一物种或许会演化成为高智慧生物。

或许它们会登上月球，插上属于它们自己的旗帜；或许它们还会发现万有引力、相对论和量子力学等；又或许它们会坐在实验室里，讨论着假如哺乳动物取代了它们，掌管了地球……

电影《侏罗纪公园》中出现了一种体形较小且特别狡猾的恐龙——迅猛龙，它们可以很有节奏地用"手指"敲击桌子，眼珠转来转去地思考，并会乘人不备发起攻击。事实上，影片中迅猛龙的聪明程度并不是虚构的。

比如恐龙王国中的伤齿龙，其聪明程度不亚于影片中迅猛龙所展现出的样子。

迅猛龙

伤齿龙科（美丽伤齿龙）

1982 年， 古生物学家戴尔·罗素提出如果伤齿龙科恐龙在第五次生物大灭绝中存活了下来，它们或许会演化为一种智力较高的生物，成为如今地球上的统治者。

读到这里的你或许满心疑问，为什么是伤齿龙家
族的后代，其他恐龙不可以吗？

· · · · · · · · · · · · · · **想要知道这个问题的答案，我们需要系统了解一下伤齿龙科这一神奇的家族。**

伤齿龙的牙齿

19 世纪中期，古生物学家在北美洲发现了伤齿龙
的第一块化石——一枚牙齿。1856 年，古生物学家约
瑟夫·莱迪将其命名为伤齿龙，意为"具有伤害性的
牙齿"。不过，这时的他认为他所命名的伤齿龙是一
种蜥蜴。

　　1901 年， 古生物学家法兰兹·诺普乔重新研究了伤齿龙的牙齿，他认为这枚牙
齿属于一种恐龙，所以他将伤齿龙重新归为斑龙科。

　　1969 年， 古生物学家戴尔·罗素描述了一个较为完整的细爪龙骨骼，并根据化
石制作出了一个由细爪龙演化出的恐龙人雕塑。

　　1987 年， 古生物学家菲力·柯尔将细爪龙归为伤齿龙。至此，伤齿龙终于从混
乱的分类和研究中找到了自己的归宿。

斑龙的头骨

　　斑龙科的成员仅存活于侏罗纪，它们的体形大
小不一，但都是肉食性恐龙，拥有锋利的牙齿。它
们的前肢上分别有三指。

斑龙科

伤齿龙生活在距今约 7500 万年
的白垩纪晚期，它们体形较小，体长
约 2 米，体重可达 60 千克。它们的
眼睛又大又圆，可能具有一定的夜视
能力；从眼睛的位置看，伤齿龙的眼
睛比许多恐龙的眼睛还要朝向前方，
就和现生鸵鸟相似。

伤齿龙和鸵鸟的正面形态

由此说明它们具有很好的深度知觉，从而帮助它们有效地判断出
与猎物之间的距离。

深度知觉也被称为"立体知觉"或"距离知觉"，指的是对物体的立体或
对不同物体远近的知觉。

深度知觉

伤齿龙是敏捷的猎食者，能够用灵活的前肢捕捉猎物。
从它们的身体比例来说，伤齿龙的大脑是恐龙王国中最大的
之一。有化石证据表明：原本由暴龙和驰龙类为主要肉食性
恐龙的生态位，随着伤齿龙的出现，逐渐发生变化，最终被
伤齿龙取代。

伤齿龙和腕龙的大脑

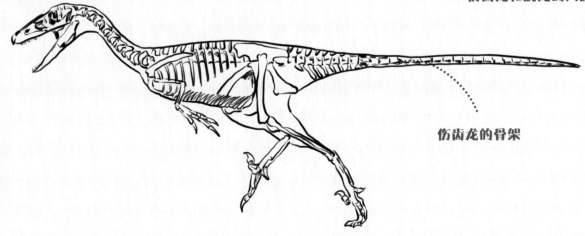

伤齿龙的骨架

或许你会说，智力无法变成化石，古生物学家是如何知道恐龙智力的呢？其实，古生物学家会通过以下两种方式来了解恐龙的智力。

首先，古生物学家会研究恐龙的脑部和其身体的相对大小。

例如，一只重达 2 吨的剑龙，它们的大脑只有一颗核桃那么大，想来它们的智力也不会高到哪里去，但是对于它们来说已经足够了。

除此之外，古生物学家还会通过了解恐龙生活方式的复杂性来推断它们的智力。

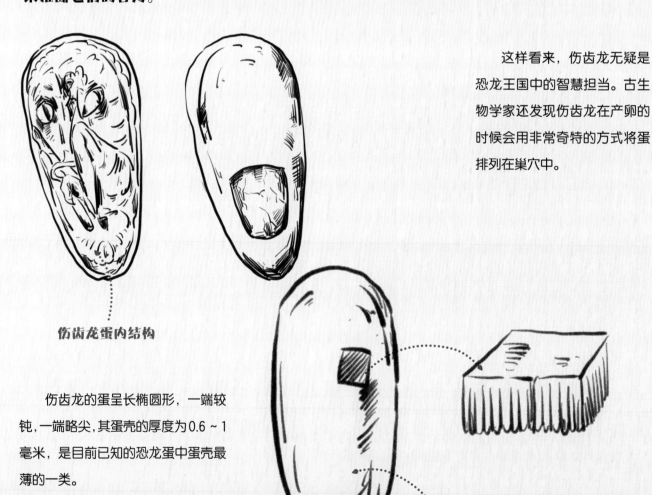

这样看来，伤齿龙无疑是恐龙王国中的智慧担当。古生物学家还发现伤齿龙在产卵的时候会用非常奇特的方式将蛋排列在巢穴中。

伤齿龙蛋内结构

伤齿龙的蛋呈长椭圆形，一端较钝，一端略尖，其蛋壳的厚度为 0.6 ~ 1 毫米，是目前已知的恐龙蛋中蛋壳最薄的一类。

伤齿龙蛋和蛋壳结构

雌性伤齿龙会选择在泥土松软的地方，将蛋垂直或稍微倾斜地竖立在蛋窝中，这样可以提高蛋的抗破碎能力，避免外力损伤，在卵孵化的时候，有利于小宝宝顺利破壳而出。以上种种特征都是伤齿龙智慧的体现。

伤齿龙蛋化石

想必读到这里的你，不会再认为古生物学家戴尔·罗素所提出的，由伤齿龙科恐龙演化为高智慧生物这一观点是毫无依据的。

戴尔·罗素发现伤齿龙的大脑在演化过程中，其脑容量在持续增加，它们大脑的演化速度完全碾压同时期的其它恐龙。戴尔·罗素认为伤齿龙若演化至今，其脑容量将会达到1100毫升，与人类接近，而且它们将拥有与人类相似的外表。

戴尔·罗素等人根据伤齿龙的大脑和骨骼等制作出了未来伤齿龙的模型，并将这一物种命名为类恐龙人。类恐龙人长着一双大得出奇的眼睛、尖尖的嘴巴和绿色的皮肤，它们的前肢有三指，可以对握。类恐龙人没有尾巴，它们可以直立行走。或许经过几亿年的演化，类恐龙人将会比人类更富有智慧。

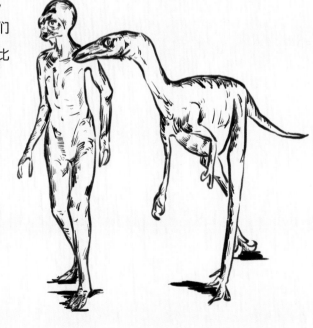

类恐龙人

但一些古生物学家认为，即使没有第五次生物大灭绝，恐龙的统治时代也会终结。

戴尔·罗素

英国古生物学家麦克·本顿认为，6600万年前正处于白垩纪末期，那时的哺乳动物已经呈现出多样化发展，而恐龙的物种数量已经持续减少了4000万年。

更为重要的是，在恐龙生活的1亿多年中，恐龙并没有演化出智慧。从侏罗纪开始，蜥脚类恐龙演化成了体长可达30米、体重可达几十吨的"巨无霸"。虽然它们逐渐演化成体形庞大的恐龙，但是它们的脑容量却只呈现出了微弱的增长趋势。

蜥脚类恐龙

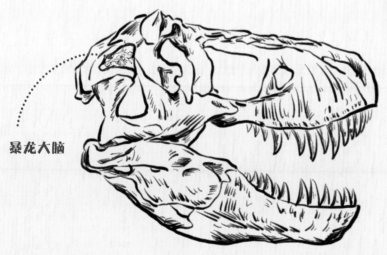

暴龙大脑

生活在侏罗纪时期的恐龙，它们的大脑都比较小，例如剑龙、腕龙和异特龙等。而到了白垩纪晚期，暴龙演化出了较大的大脑，但仍只有400克重。相比之下，人类大脑的平均重量约为1.3千克。

假如没有第五次生物大灭绝，地球上可能仍生活着一些植食性的"巨无霸"和类似暴龙的猎食者。它们或许演化出了略微大一点的大脑，揭开了一个全新的恐龙繁荣时代。但它们几乎不会选择发展智力这一条道路，虽然智力确实是一种可以给适应环境加分的项。

繁荣的恐龙家族

但植物也没有大脑，它们约占地球生命的 80%。可见，对于它们来说，智力不一定有那么重要。

对于植食性恐龙来说，若要发展智力就需要充足的蛋白质供应，所以对于植食性恐龙来说智力够用就可以。而对于肉食性恐龙来说，一定的智力是刚性需求，但并不是一个性价比特别高的选项。因为体形、力量、爪子、牙齿和速度等都需要占用营养资源。试想一下脑容量可达 1600 毫升的我们，在赤手空拳面对一只大型肉食动物时也会无计可施。

捕食的肉食性恐龙

相比植食性恐龙和肉食性恐龙来说，杂食性恐龙更有可能拥有较高的智力，但也需要更多的运气。就像人类的出现只是漫长演化史上的一个偶然事件。

不过假如恐龙没有灭绝，给它们无限的时间，再加上一些运气，它们中的一些成员或许真的可以演化为智力较高的生命。

毕竟对于未知的事情，谁又能知道呢！

末日浩劫

　　从 20 世纪 90 年代末开始，有关"世界末日"的言论就一直充斥在我们身边，有些是以预言的形式呈现，有些则是来自"未来人"的善意提醒……虽然这些"末日论"每年都会自行打脸，但总有一些"末日论"的忠实粉丝坚信末日终将来临。

　　不知你是否认真想过世界末日是什么样子？是一颗小行星飞速撞向地球？火山岩浆从地面喷涌而出？又或者是大量温室气体造成的高温？

**我心爱的
中国鸟形龙**

或许我们可以试想一下，如果有一天世界
末日真的来临，你会怎么办呢？也许你会认为这
是一个杞人忧天的问题，但 6600 万年前的恐龙王国，
真的面临着这样的问题……

智慧担当

末日研究中心（3）

智慧担当

@ 自信的精美 @ 神秘盗贼 你们知道吗？我们快要灭绝了！😭😭😭

🔍 三叠中国龙　　　　搜索

全部　文章　公众号　百科　视频　朋友圈

　　三叠中国龙的化石发现于云南省。据研究表明，它们是一种小型肉食性恐龙，体长约 2.5 米。它们的头上长有成对的头冠，不过这个冠并不是用来争斗，而应该是展示的作用。

智慧担当

我说的是生物大灭绝，就像历史上曾发生的四次大规模生物灭绝似的！😠😠😠

📷　🎤

发 送 S

🔍 **搜索群成员**

智慧担...　神秘盗...　自信的...

添加

群名称
末日研究中心

群公告
群主未设置

备注
群聊备注仅自己可见

我在本群的名称
智慧担当

清空聊天记录

退出群聊

神秘盗贼

我觉得不太可能。👀 你们想啊，就拿离我们最近的二叠纪—三叠纪大灭绝来说，当时地球上所有的陆地都合并在了一起，形成了盘古大陆。所以那时候陆上的生命都无处可逃！不说了，看图！

神秘盗贼

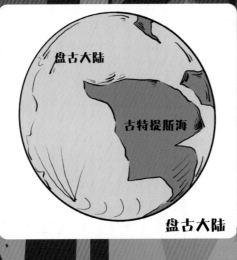

盘古大陆

古特提斯海

盘古大陆

自信的精美

即使盘古大陆现在分开了，又能怎样？要是每块大陆上的火山都喷发了，谁还管你是不是一块大陆！就像泥盆纪大灭绝时海底火山可是喷发了大约 75 万年呢！

智慧担当

@ 自信的精美 @ 神秘盗贼 我说你们两位别争了！目前最重要的事情就是想想我们该怎么办！

自信的精美

你从哪里听来的消息，可靠吗？

神秘盗贼

我觉得正常心态就好，该吃吃，该喝喝。

智慧担当

@神秘盗贼 你心可真大！我还有很多想做的事儿没做完呢！

自信的精美

@智慧担当 赶紧说，你可急死我了！

智慧担当

你先别管我从哪听说的，你自己好好想想我们现在所生活的地球生态
环境变化有多大。

自信的精美

你别说，还真是。白垩纪早期的气候又温暖又潮湿，特别适合我们
生存，而且放眼望去地球上郁郁葱葱、一派繁荣的景象。哪像现在，
气候变得越来越干旱！

神秘盗贼

谁让我们没赶上好时候呢！拜托，都乐观点儿。万一我们还能存活
下来呢，毕竟我们的祖先也是从大灭绝事件中脱颖而出的！

智慧担当

那次的大灭绝事件主要是因为剧烈的火山喷发，我可不想被岩浆
熔化！

自信的精美

我也不想二氧化碳中毒！😫😫

神秘盗贼

那你们觉得四次大规模生物灭绝中，哪一种灭绝方式可以接受？

自信的精美

奥陶纪—志留纪灭绝事件最可能的原因是一道宇宙伽马射线击中了地球，使得食物链崩溃，全球开始发生饥荒事件。

神秘盗贼

我可不想被饿死，而且伽马射线的杀伤力也太大了吧，弄出来那么强的紫外线谁能受得了，1000 倍的防晒乳都不够用！

智慧担当

所以那时候大约有 85% 的物种都灭绝了。但不得不说，生命从未被死亡打败，不然哪还有我们呀！

自信的精美

还有泥盆纪大灭绝，虽然原因目前未知，但那时候的生物经历着冰火两重天的打击，过得也太煎熬了！不好不好！

神秘盗贼

二叠纪—三叠纪大灭绝就更别提了，95% 的生物都灭绝了。

我心爱的
中国鸟形龙

 神秘盗贼

还是直接上图吧！

神秘盗贼

智慧担当

三叠纪末大灭绝让我们的祖先崛起，听说这一次也是火山喷发导致的。唉，在生命的历史上，相似的剧本总是会重演。

 神秘盗贼

还是冷静面对吧。

智慧担当

不和你们说了，我得去收拾东西了。我们家族的长老告诫我们不管遇到什么事，一定要为了恐龙的文明好好活下去！

我心爱的
中国鸟形龙

柯里氏菲利猎龙

昵称：智慧担当

智慧担当

兄弟姐妹们，如果我们都能活下来，一定要好好庆祝一番！

中国·内蒙古 04：01

··

♡ 神秘盗贼，乐天派，夜猫子，自信的精美

✉ 自信的精美：有缘再见！☺

乐天派：什么情况，发生什么事儿了？

夜猫子：干嘛，搞得好像要灭绝了似的！

目前仅发现一具精美临河盗龙的标本，而且保存
得相当完整。它们的体长约2.5米，体重约25千克，
是灵活的猎食者。

精美临河盗龙

昵称：自信的精美

自信的精美

万能的朋友圈，如果世界末日来临，你们会怎么办？在线等，急……

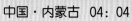

中国·内蒙古　04：04

··

♡　神秘盗贼，自信的精美

✉　自信的精美：享受末日来临前短暂的平静，迎接注定的结局。

夜猫子：@自信的精美 我同意！

我不是鸟：赶紧跑啊！

小恐龙呀：活好当下，想那么远的事儿干嘛！

奥氏伶盗龙是一种体形中等的驰龙类，它们的体长约2米，体重可达20千克，脑容量比较大，是非常聪明的猎食者。

我心爱的
中国鸟形龙

昵称：**神秘盗贼**

! 消息未发送

神秘盗贼

世界末日是什么样子？

1分钟前 删除

在奥氏伶盗龙准备发送朋友圈的一刹那，一颗直径约 10 千米的巨大小行星，以每秒 20 千米的惊人速度撞向地球。撞击造成了 20000℃ 的高温并引起了强烈的地震，其强度比人类历史上所记录的最大地震强度还要强 100 万倍。地震让周围几千千米的海洋、湖泊和江河通通掀起巨浪，高度可达 79 ~ 91 米。

恐怖的高温和冲击把空气加热至 100℃，并把周围的岩石和生物直接变成了气体。
火焰肆虐全球。撞击所产生的上亿吨灰尘飘入大气层将阳光遮蔽，导致全球温度急剧下降。植物因没有阳光而无法进行光合作用，大量死去。

植食性恐龙因没有食物而被饿死，肉食性恐龙也陆续在饥寒交迫中倒下，整个食物链崩溃。生机勃勃的地球转眼间变成炼狱。称霸地球 1.6 亿多年的恐龙（除鸟类外）和地球上大约 75% 的物种，在这次灭绝事件中彻底告别了生命的舞台，这就是著名的白垩纪大灭绝。

白垩纪大灭绝是离我们最近的一次灭绝，其灭绝程度在五次灭绝事件中排名有些靠后，但它开创了新生代，为哺乳动物的登场提供了机会。

其实，有关白垩纪大灭绝的原因有很多种假说，其中最受学者支持的假说就是一颗彗星或小行星撞击了地球并引发了全球性的灾难。

这一假说由马克拉伦在 1970 年首次提出，但并未引起人们的关注。1980 年，诺贝尔奖获得者路易斯·阿尔瓦雷兹和其儿子在《自然》杂志上发表文章，称在意大利和丹麦的白垩纪晚期地层中发现了高含量的金属铱，从而有力地支持了这一假说。因为地球上的铱含量很少，而天体中的铱含量却很高。

除此之外，一些学者在白垩纪晚期的沉积物中还发现了远离撞击地点的冷却的石英矿物碎片，这是发生大规模爆炸或撞击事件的典型特征。

更为重要的是一些学者在墨西哥尤卡坦半岛发现了一个直径约 180 千米的希克苏鲁伯陨石坑，这个陨石坑的形成时间恰好可以与撞击发生的时间联系在一起，而且大小也吻合。这为彗星或小行星撞击地球提供了重要的证据。

或许你会说一颗直径 10 千米的陨石，放在表面积约 5 亿平方千米的大千世界中，也就是一座城市的大小。

可是你要知道这颗陨石是从 10 千米高的地方落下，其携带的能量是一个长达 24 位的数字，即 420,000,000,000,000,000,000,000 焦耳，相当于 200 万颗人类至今引爆过的体积、重量和威力最为庞大的沙皇氢弹所释放的能量。

一些学者发现白垩纪是全球火山喷发最频繁的时期。喷发的火山向大气中释放了大量的灰尘和有毒的化学物质，包括 29 万亿吨二氧化碳和 5 万亿吨硫化物等。

硫化物与大气中的水结合形成酸雨，酸雨不仅会对陆地生态系统造成破坏，也会影响海洋生态系统，损害海洋生物。而大量的二氧化碳也会引起温室效应，从而导致整个生态系统崩溃。

中国古生物学家赵资奎还提出了恐龙繁殖受挫假说。他发现在恐龙快要灭绝的一小段时间内，许多恐龙蛋的蛋壳变得越来越薄。早期正常蛋壳的厚度一般为 2.8 毫米，而这一时期的恐龙蛋壳厚度只有 1 毫米。

赵资奎从事恐龙蛋化石研究已有 30 多年，是开展中国恐龙蛋化石专题研究的第一人，被誉为"中国恐龙蛋一号专家"。

赵资奎

一些学者认为，白垩纪晚期的气候和环境比较恶劣，导致恐龙蛋内可能有大量的细菌繁殖，使得恐龙蛋发育不全，无法孵化，从而导致恐龙的繁殖严重受挫，其家族急剧萎缩，最终走向灭绝。

不论引起这次大灭绝的确切原因是什么，从地质学角度来看，这次灭绝事件发生的时间很短暂，几乎不会超过几万年，但足以改变生命演化的进程，将地球上的生命进行一次重新洗牌。

或许你会说几万年还算短暂？要知道在漫长的地球历史中，几万年真的只是弹指一挥间。在这 46 亿年中，除 5 次规模较大的灭绝事件外，还有 17 次中型灭绝事件和无数次小型灭绝事件。每一次灭绝后，都会有新的物种产生。

你知道在现在的地球上有多少种生物生活吗？答案是 150 万种。乍一听，或许你会觉得 150 万是一个非常庞大的数字。但这在 46 亿年的地球历史中，仅仅占了曾经生活在地球上的物种总数的 1%。也就是说，地球上曾经生活着 1.5 亿种生物，而其中的 99% 都已经灭绝了。

其实，物种灭绝在整个地球历史中是一件很平常的事，也是每一个生物族群历史发展的必然规律。不管这些生物曾经多么辉煌，或是存在过多长时间，最终都会走向灭绝。

第四章 追寻恐龙

提起恐龙，许多人脱口而出的可能是暴龙、三角龙、梁龙和腕龙，但这些都是生活在史前北美洲的恐龙。你能说出几种生活在中国的恐龙吗？或者你知道世界上发现恐龙种类最多的国家是哪个吗？

截至 2022 年 4 月，中国已经研究命名了 338 种恐龙，并且每年还在以新发现约 10 种的速度增长。目前，古生物学家在全国的 22 个省级行政区都发现了恐龙化石，其中，辽宁、内蒙古和四川地区埋藏了丰富的恐龙化石，是名副其实的"恐龙大户"。

我心爱的
中国鸟形龙

伤齿龙家族来报到

我是杨氏中国鸟形龙，我的化石发现于内蒙古自治区鄂尔多斯市。

我是寐龙，我的化石发现于辽宁省北票市。

我是滕氏嘉年华龙，我的化石发现于辽宁省锦州市。

我是柯里氏菲利猎龙，我的化石发现于内蒙古自治区巴彦淖尔市。

我心爱的
中国鸟形龙

我是赫氏近鸟龙，我的化石
发现于辽宁省建昌县。

我是巨嵴彩虹龙，我的化
石发现于辽宁省青龙满族
自治县。

我是华美金凤鸟，我的化
石发现于河北省丰宁满族
自治县。

我是内蒙古蝶猎龙，我的化石发现于内
蒙古自治区巴彦淖尔市。

我是张氏中国猎龙，我的化石发
现于辽宁省北票市。